Inge Walz

Festliche Sterne

Sicher haben Sie das Buch schon durchgeblättert. Dabei wird Ihnen aufgefallen sein, daß zu jedem Modell klare Zeichnungen vorliegen, die auf streng geometrische Formen, auf einem Kreis oder Quadrat, aufbauen.
Freude und Erfolg können Sie bei diesem Hobby nur haben, wenn Sie absolut exakt arbeiten.
Ein guter Zirkel, ein Lineal und ein Winkel, dazu ein gut gespitzter Bleistift, das sind die wichtigsten Werkzeuge.
Bitte gewöhnen Sie sich von Anfang an daran, exakt zu arbeiten. Nur ein feiner Strich ist genau. Jede Faltung muß vorgeritzt sein, um haarscharf zu sitzen. Ich empfehle hierzu, das Lineal an die Linie zu legen und mit der Spitze eines stumpfen Messers unter mäßigem Druck am Lineal entlangzufahren. Die so entstandene feine Rille erleichtert das Abbiegen der Teile und garantiert einen sauberen Bruch.
Sollen Sterne aus mehreren gleichen Teilen zusammengesetzt werden, so fertigt man ein Flachstück, das als Auflageschablone für alle gleichen Stücke verwendet wird. Die Schablone wird auf das Material gelegt und mit dem spitzen Bleistift umfahren. Dann kann man ausschneiden oder vorritzen.
Bitte denken Sie aber daran, die Bleistiftvorzeichnungen vor dem Falten der Papiere oder Folien mit einem weichen Radiergummi zu entfernen!
Metallfolien erweitern die Möglichkeiten von Papier und Karton ganz wesentlich, denn das Material läßt sich formen und rollen oder – in Grenzen – prägen.
Sicher kommen Ihnen, wenn Sie meine Vorschläge nachgearbeitet haben, noch viele eigene Ideen.

Viel Spaß! Inge Walz

ISBN 3-7724-1088-X · Best.-Nr. 1088 · © Copyright 1986 by Frech

3. 4. 5. Auflage
Erste Zahl maßgebend

frech-verlag

Jahr: 1990 89 88 87
Letzte Zahlen maßgebend

Printed in Western Germany · Druck: Frech, Stuttgart-Weilimdorf

Dieses Material und Werkzeug brauchen Sie

- Farbige Metallfolien
- Zirkel
- Lineal
- Schneidemesser mit scharfer Klinge oder eine Schneidefeder mit Federhalter
- Ein stumpfes Küchenmesser oder einen Kugelschreiber zum Eindrücken von Rillen oder Nuten
- Bleistift im Härtegrad HB-4H
- Bleistiftanspitzer
- Nadel und Faden zum Aufhängen
- Zusätzliches Dekorationsmaterial:
  Watte, Tannenzweige usw.

Wichtiger Hinweis:

Für die Klebearbeiten eignen sich Pattex transparent, Pritt Alleskleber und Pritt Bastelkleber. Bei den erstgenannten muß jede Schmierstelle vermieden werden, weil lösemittelhaltige Klebstoffe die Farben der Metallfolien beeinträchtigen. Pritt Bastelkleber beeinflußt die Farben nicht, muß aber vor dem Zusammenfügen ca. 10 Min. antrocknen.

Konstruktion eines Sechszackensterns

1. Mit dem Zirkel einen Kreis ziehen (z.B. Radius 4 cm).

2. Auf der Kreislinie einstechen (×) und mit demselben Radius die Kreislinien zweimal schneiden. Man erhält die Kreispunkte 1 und 2. In 1 bzw. 2 einstechen. Mit demselben Radius gewinnt man die Punkte 3 und 4. Den letzten Punkt erhält man, wenn mit demselben Radius bei 3 oder 4 eingestochen wird.

3. (×) mit den Kreispunkten 3 und 4 verbinden.

4. Die Kreispunkte 1, 2 und 5 verbinden.

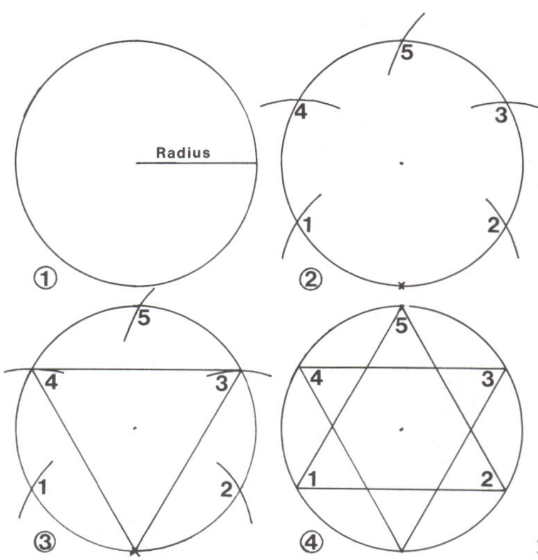

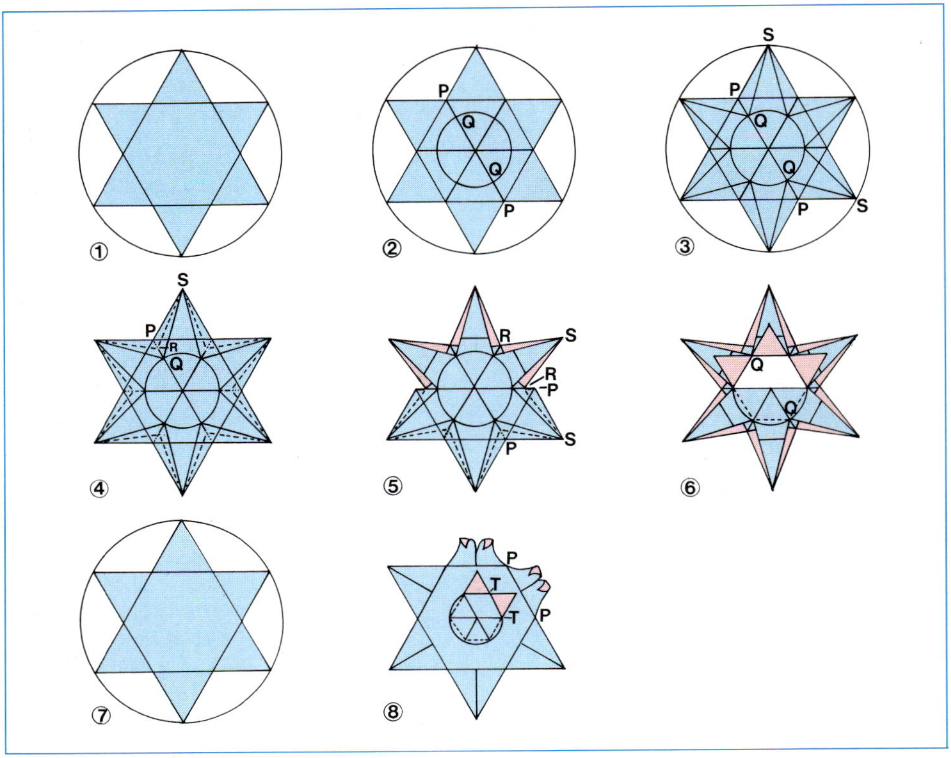

Sechszackenstern Nr. 1

1. Sechszackenstern zeichnen.

2. Jeweils zwei einander gegenüberliegende Punkte P zwischen den Zacken miteinander verbinden. Mit dem Zirkel um den Mittelpunkt einen kleinen Kreis zeichnen. Wo der kleine Kreis die Verbindungslinien zwischen den Punkten P schneidet, entstehen die Punkte Q.

3. Die Sternspitzen S mit den Punkten Q verbinden.

4. Die Verbindungslinien zwischen Punkt Q und P halbieren und mit S verbinden *(gestrichelte Linien)*. Stern zwischen den Zacken von P bis R einschneiden *(punktierte Linien)*.

5. Zackenränder entlang der gestrichelten Linie nach innen umschlagen.

Zwei dieser Sterne versetzt aufeinanderkleben.

6. Variation zu 5.: Die Verbindungslinien zwischen den Punkten Q werden mit der Schneidefeder nachgeschnitten und entlang der gestrichelten Linie nach außen umgeklappt. Zwei dieser Sterne versetzt aufeinanderkleben.

7. Kombinationsteil, das versetzt auf Stern 5 aufgeklebt wird.

Sechszackenstern zeichnen und ausschneiden.

8. Zacken von außen zur Mitte der Länge nach halbieren. Zackenspitzen leicht nach innen rollen. In die Sternmitte einen kleinen Kreis zeichnen. Jeweils zwei einander gegenüberliegende Punkte P verbinden. Wo die Verbindungslinien den Kreis schneiden, entstehen die Punkte T. Mit der Schneidefeder die Verbindungslinien zwischen den Punkten T nachschneiden. Die Dreiecke entlang der gestrichelten Linie nach außen umschlagen.

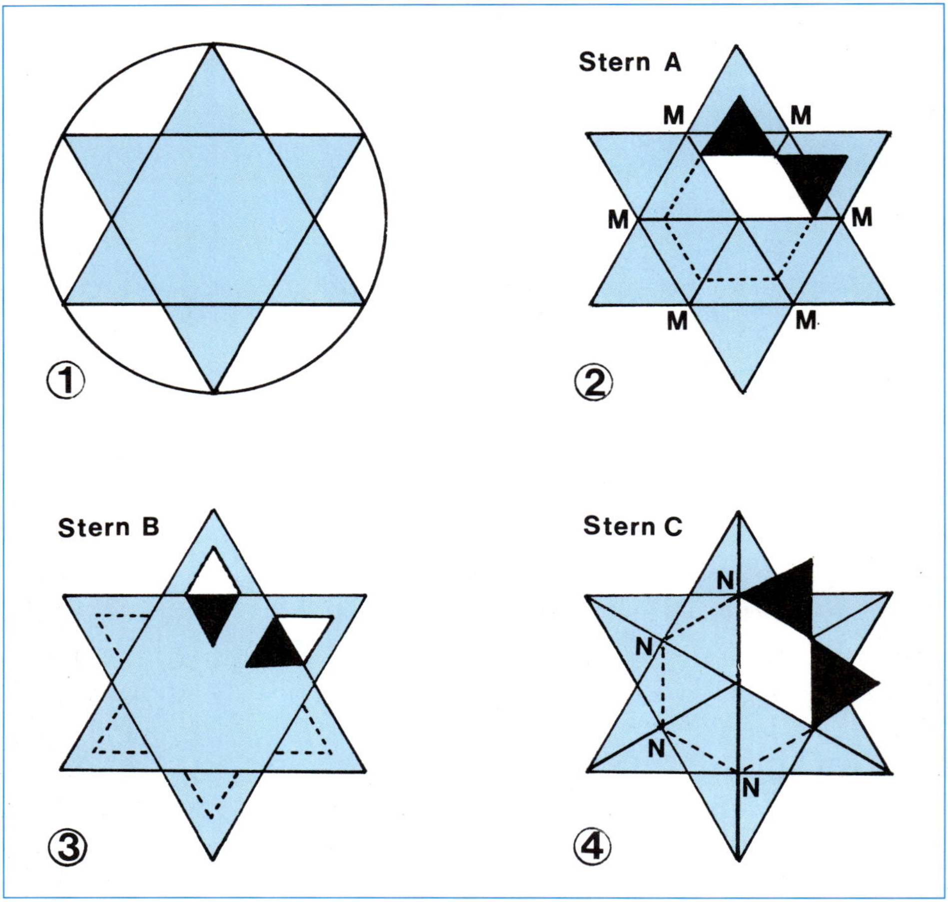

Sechszackenstern Nr. 2

1. Mit Zirkel, Geo-Dreieck und Bleistift einen Sechszackenstern zeichnen und ausschneiden.

2. Stern A: Jeweils zwei einander gegenüberliegende Punkte M zwischen den Zacken mit Geo-Dreieck und Bleistift verbinden. Mit einer Schneidefeder oder einem Teppichmesser entlang der Verbindungslinien bis zur gestrichelten Linie schneiden. Es entstehen sechs Zacken, die an der gestrichelten Linie nach außen umgeklappt werden.

3. Stern B: Mit Geo-Dreieck und Bleistift in die Sternzacken kleinere Dreiecke einzeichnen. Mit einer Schneidefeder die gestrichelten Linien nachschneiden. Kleine Zacken zur Mitte hin umklappen.

4. Stern C: Die sechs Sternspitzen mit Geo-Dreieck und Bleistift direkt verbinden. Wo diese Verbindungslinien auf die unteren Zackenbegrenzungslinien treffen, entstehen die Punkte N. Alle Punkte N verbinden *(gestrichelte Linien)*. Die Verbindungslinien von der Mitte bis zu N mit der Schneidefeder nachritzen und an den gestrichelten Linien nach außen umklappen.

Jeweils zwei dieser Sterne versetzt, Rükken an Rücken, aufeinanderkleben.

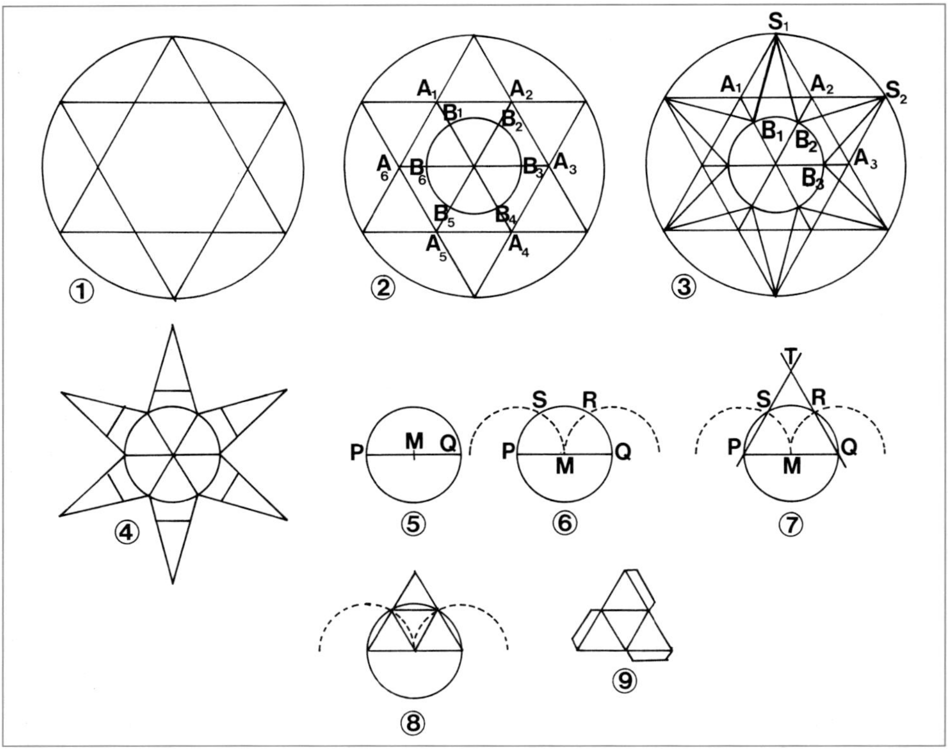

Sechszackenstern Nr. 3

1. Sechszackenstern zeichnen.
2. Jeweils zwei gegenüberliegende Punkte A mit einem Bleistiftstrich verbinden, z. B. A1 und A4.
In den großen Kreis einen kleinen Kreis mit demselben Mittelpunkt zeichnen. Es entstehen die Schnittpunkte B1 bis B6.
3. B1 und B2 mit S1 verbinden, B2 und B3 mit S2 etc.
4. Sternscheibe entlang der Verbindungslinien S1 B1, S1, B2, S2 B2, S2, B3 etc. ausschneiden.

Dreieckspyramiden

5. Einen Kreis mit demselben Radius wie der kleine Kreis von 2. zeichnen. Einen Bleistiftstrich von einer Kreisseite zur anderen durch den Kreismittelpunkt M ziehen. Es entstehen die nun Punkte P und Q.
6. In P einstechen und einen Kreis mit demselben Radius zeichnen *(gestrichelte Linie)*. Dasselbe bei Punkt Q. Es entstehen die Kreisschnittpunkte S und R.
7. P und S mit einem Bleistiftstrich verbinden, dabei die Linie nach oben hin verlängern. Bei Q und R genauso verfahren. Es entsteht der Schnittpunkt T.
8. S und R, S und M sowie R und M verbinden. Es entsteht ein großes Dreieck, das sich aus vier gleich großen kleinen Dreiecken zusammensetzt. Klebeflächen anzeichnen und das Ganze ausschneiden. Pyramide zusammenfalten und Klebeflächen mit Klebstoff bestreichen.
Die Pyramide auf den Sechszackenstern kleben.

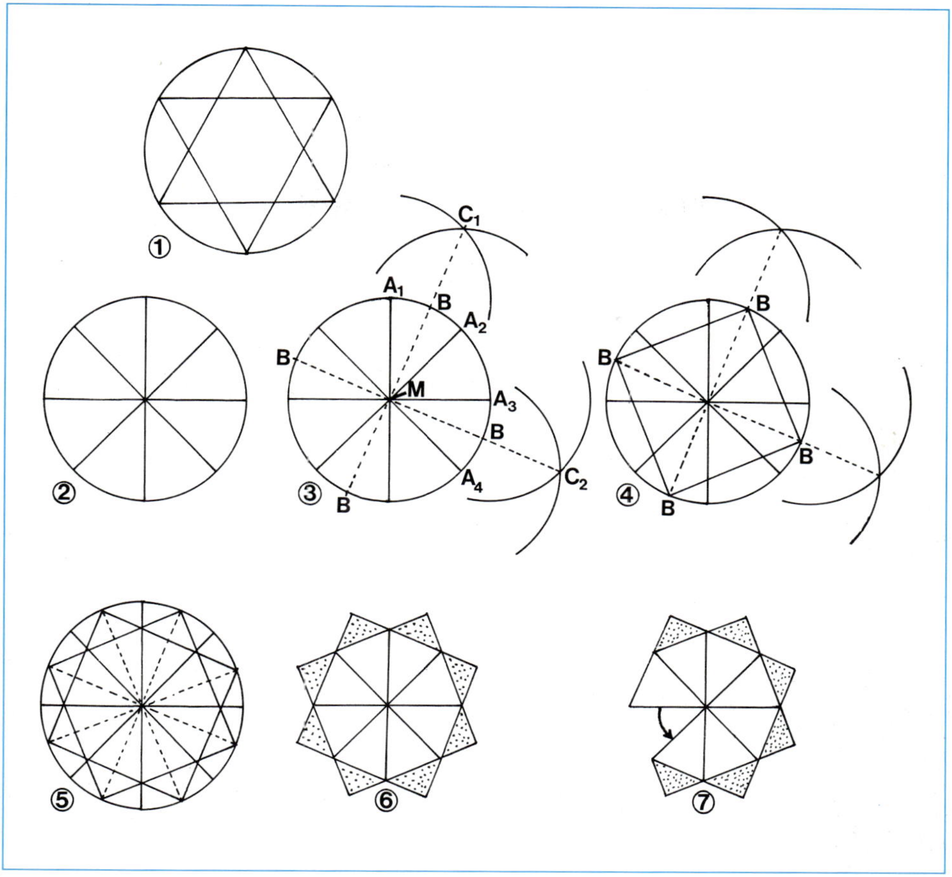

Sechszackenstern Nr. 4

1. Sechszackenstern zeichnen und ausschneiden.

2. Mit dem Zirkel einen zweiten Kreis zeichnen und den Kreis mit Geo-Dreieck und Bleistift in acht gleich große Segmente unterteilen.

3. In Punkt A1 einstechen und einen Kreis mit demselben Radius zeichnen. In A2 einstechen und einen weiteren Kreis schlagen. Beide Kreise schneiden sich im Punkt C1.

Das Lineal von C1 durch den Mittelpunkt M bis zur gegenüberliegenden Kreislinie legen. Die Linie nicht einzeichnen, sondern nur die Kreispunkte B markieren. Dreimal wiederholen, bis alle acht Kreispunkte B festgelegt sind.

4. und **5.** Jeden zweiten Kreispunkt B mit einem Bleistiftstrich verbinden. Es entstehen zwei Quadrate, die versetzt übereinander liegen.

6. Die achteckige Sternscheibe ausschneiden.

7. Die Sternscheibe besteht aus acht Innendreiecken und acht Außendreiecken *(punktiert)*. Ein Innendreieck samt Außendreieck und ein weiteres Außendreieck wegschneiden. Das Innendreieck, das kein Außendreieck hat, wird in Pfeilrichtung unter das danebenliegende Innendreieck nach unten umschlagen, mit Klebstoff bestrichen und auf den Sechszackenstern von 1. geklebt.

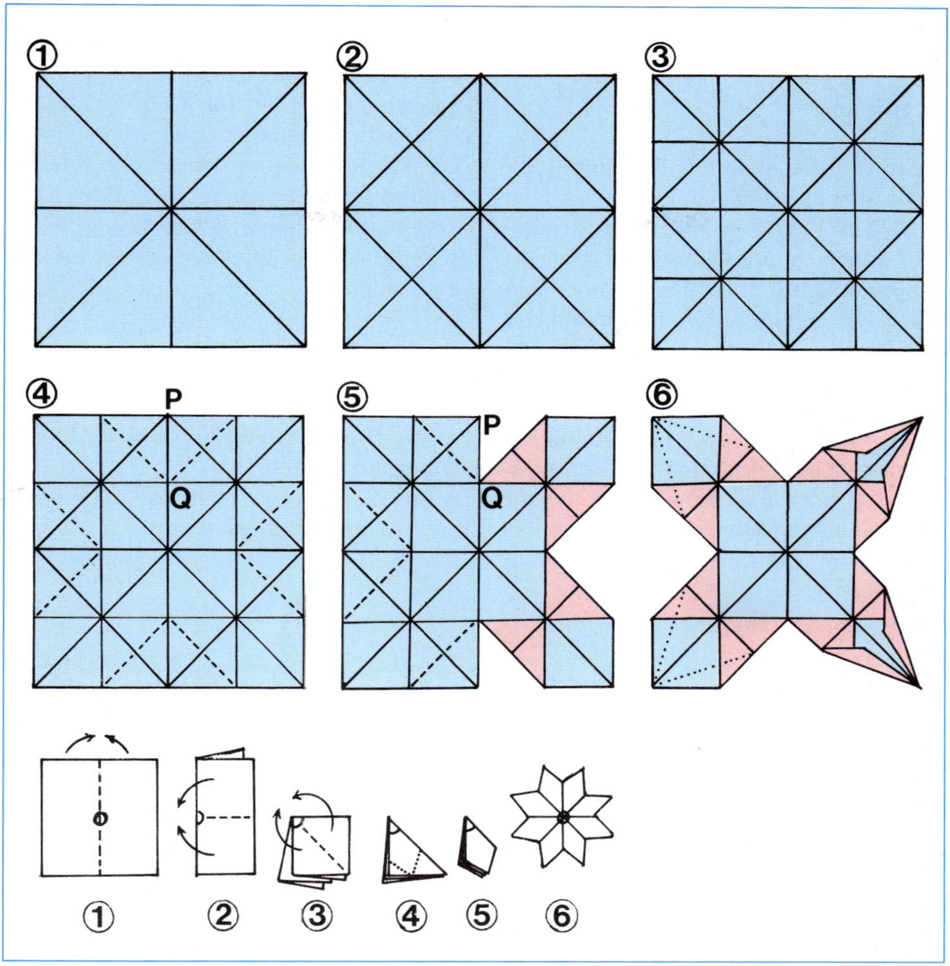

Flache Faltsterne aus Quadraten Nr. 1

1.-4. Mit spitzem Bleistift und Geo-Dreieck zeichnen.

5. Von P nach Q einschneiden, und entlang der gestrichelten Linien umklappen.

6. Die Seiten der vier Zacken entlang der punktierten Linien umklappen.

Jeweils zwei dieser Sterne versetzt aufeinanderkleben. Auch die Kombination von großen und kleinen Sternen ist möglich.

Kleiner Innenstern

1. und **2.** Das Quadrat zweimal zur Hälfte falten.

3. Das kleine Quadrat entlang der gestrichelten Linie falten, so daß ein gleichschenkliges Dreieck entsteht.

4. Die punktierten Linien nachschneiden.

5. und **6.** Faltstern aufklappen.

Der so entstandene Faltstern dient als Schablone für weitere kleine Sternchen, mit denen die Mitte von größeren Sternen verziert werden kann.

Flache Faltsterne aus Quadraten Nr. 2

Bogen A

1. Ein Quadrat so falten, daß vier kleine Quadrate entstehen.
2. Die vier Ecken entlang der gestrichelten Linie nach innen umklappen.
3. Das Quadrat mit Bleistift und Geo-Dreieck in vier kleine Quadrate unterteilen.
4. Die Seitenmitten des Quadrates mit Bleistift miteinander verbinden.
5. Die Linie zwischen A und B halbieren. Es entsteht der Randpunkt D. Die Punkte C und D mit Geo-Dreieck und Bleistift verbinden (punktierte Linie). Mit der Schere die punktierten Linien nachschneiden.
6. Die kleinen Dreiecke BCD entlang der Strecke BC umklappen. Es entsteht ein Quadrat, das ¼ so groß wie das Ausgangsquadrat ist. In die Mitte ein kleines Quadrat einzeichnen *(gestrichelte Linie).* Die vier nach innen weisenden Zacken entlang der gestrichelten Linie nach außen umklappen. Zwei dieser Sternteile Rücken an Rücken versetzt aufeinanderkleben.

Bogen B

1. Ein Quadrat so falten, daß vier kleine Quadrate entstehen.
2. und 3. Die vier Ecken entlang der gestrichelten Linie nach innen umschlagen, so daß ein kleineres Quadrat entsteht.

Bogen A

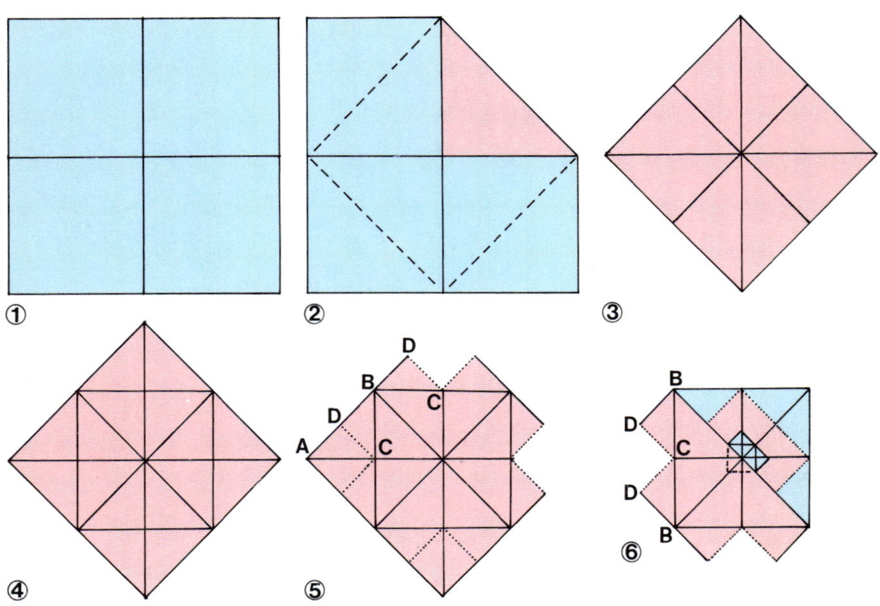

4. Die Seiten des Quadrates halbieren (Punkt A) und entlang der punktierten Linie bis Punkt B zur Sternmitte hin einschneiden. Die Dreiecke ABS entlang der gestrichelten Linie umklappen.
5. Ein kleines Quadrat in die Mitte zeichnen (gestrichelte Linien). Kleine Dreiecke entlang der gestrichelten Linie nach außen klappen. Zwei dieser Sternteile Rücken an Rücken versetzt aufeinanderkleben.
6. Variationen zu 5.: Größeres Quadrat zeichnen *(gestrichelte Linien).* Dreiecke entlang der gestrichelten Linien nach außen klappen. Zwei dieser Sternteile Rücken an Rücken versetzt aufeinanderkleben.

Bogen B

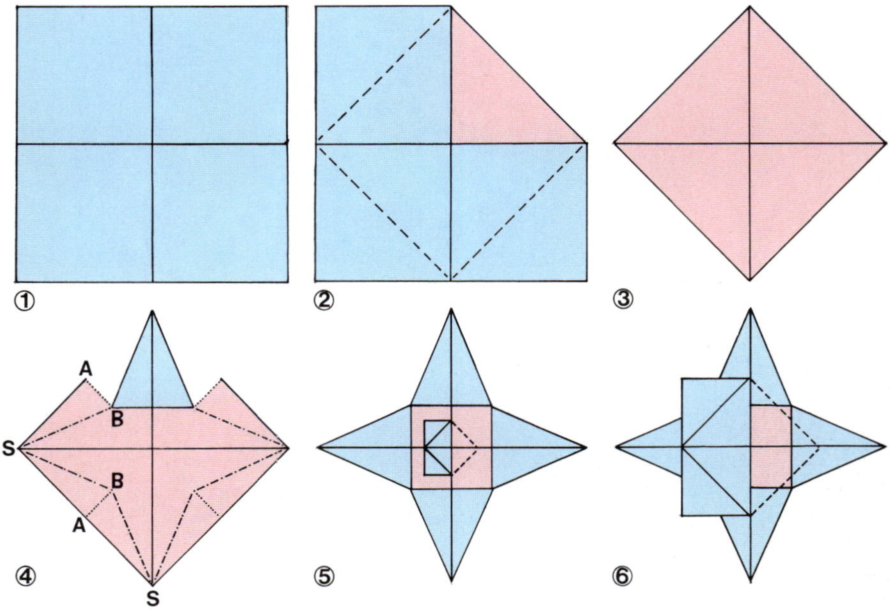

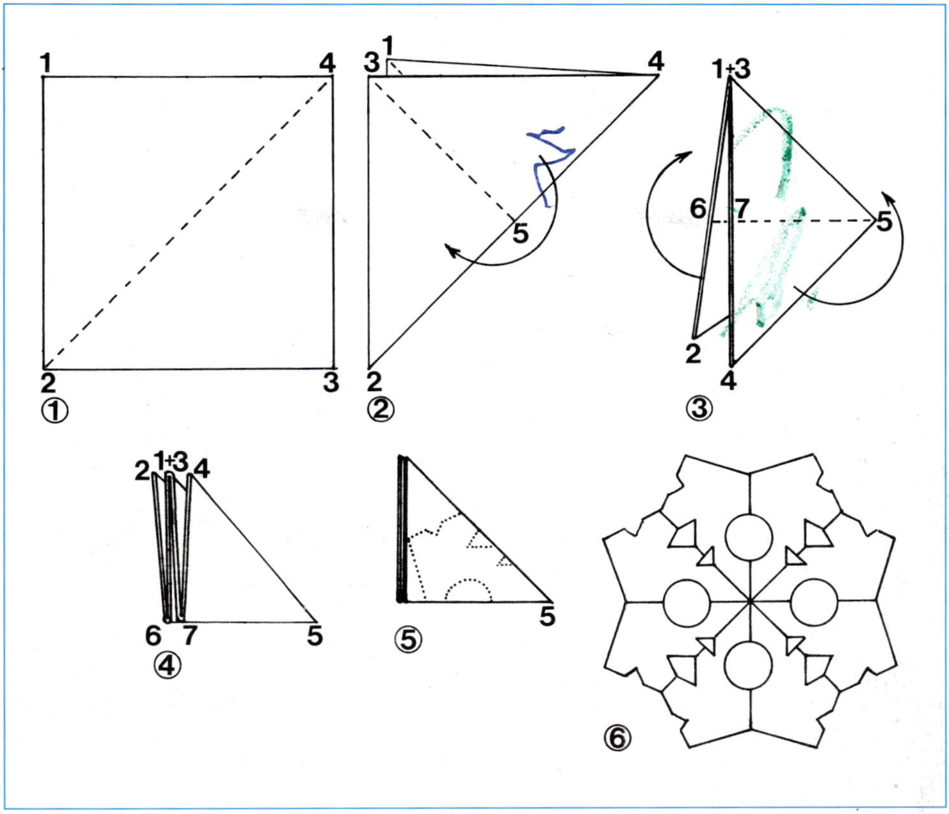

Flache Faltsterne aus Quadraten Nr. 3

1. Folienquadrat entlang der gestrichelten Linie diagonal falten.
2. Das entstandene Dreieck entlang der gestrichelten Linie umschlagen. Die Eckpunkte 1 und 3 liegen aufeinander.
3. und **4.** Das halb so große Dreieck an der gestrichelten Linie nach oben umklappen. Dadurch wird das Dreieck nochmals halbiert.
5. und **6.** Punkt 5 ist der spätere Sternmittelpunkt. Von ihm muß ausgegangen werden, wenn die eigentliche Sternform ausgeschnitten wird. Werden die gestrichelten Linien nachgeschnitten und das Ganze aufgeklappt, entsteht der daneben abgebildete Stern.

Plastische Sterne aus Quadraten

1. Ein Quadrat von links nach rechts und von oben nach unten jeweils auf die Hälfte falten, so daß 4 gleich große Quadrate entstehen.
2. Das Quadrat *umdrehen* und diagonal falten.
3. Die Punkte P mit Bleistiftstrichen verbinden und die Ecken zur Mitte hin umklappen.
4. Die Ecken wieder nach außen klappen. Mit Bleistift und Lineal die Strecken QR einzeichnen.
5. Die Spitzen von S bis R einschneiden. Die geteilten Spitzen nach beiden Seiten, entlang der Verbindungslinie QR, umschlagen.
6. und **7.** Den Stern in Pfeilrichtung zusammenschieben und auf der Rückseite zusammenkleben. Dasselbe Sternteil nochmals anfertigen. Beide Sternteile Rücken an Rücken zusammenkleben.
8. Die kleinen dreieckigen Flügel können entweder eingerollt oder entlang der gestrichelten Linie abgeschnitten werden. Der Sternrand kann ebenfalls eingeschnitten werden, so daß richtige Zacken entstehen.

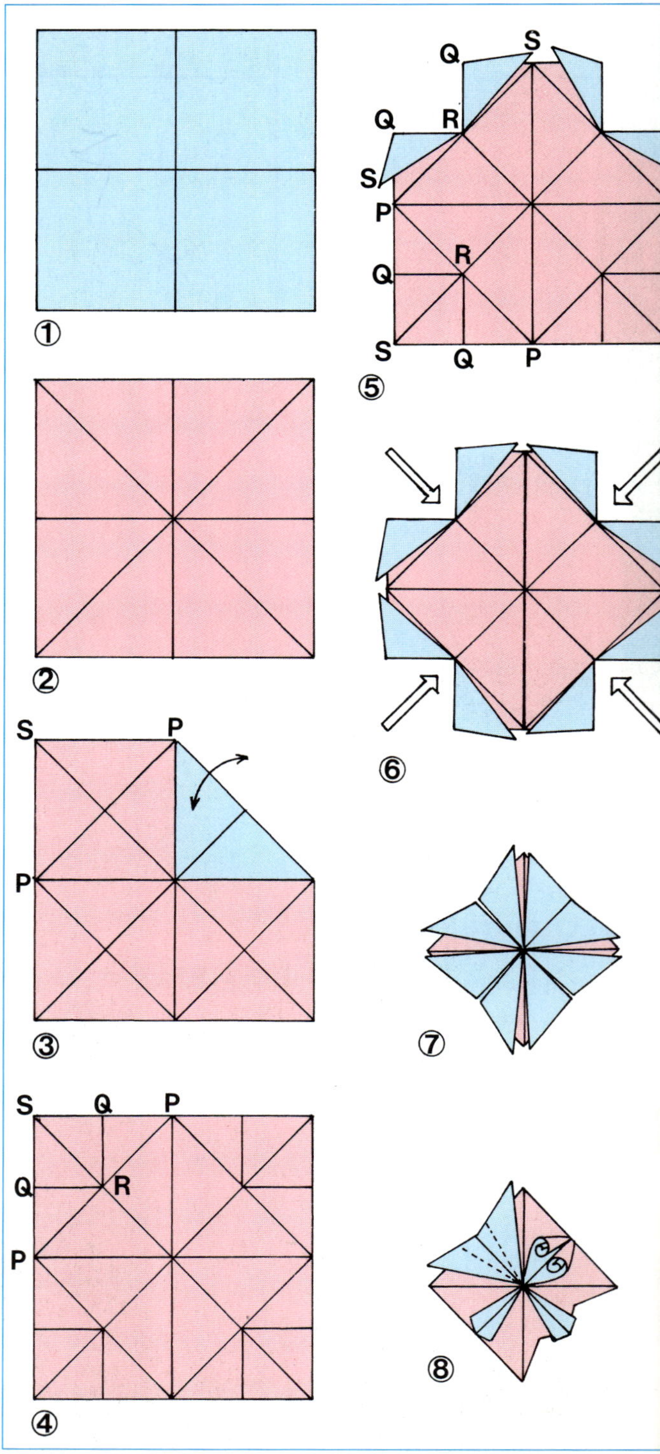

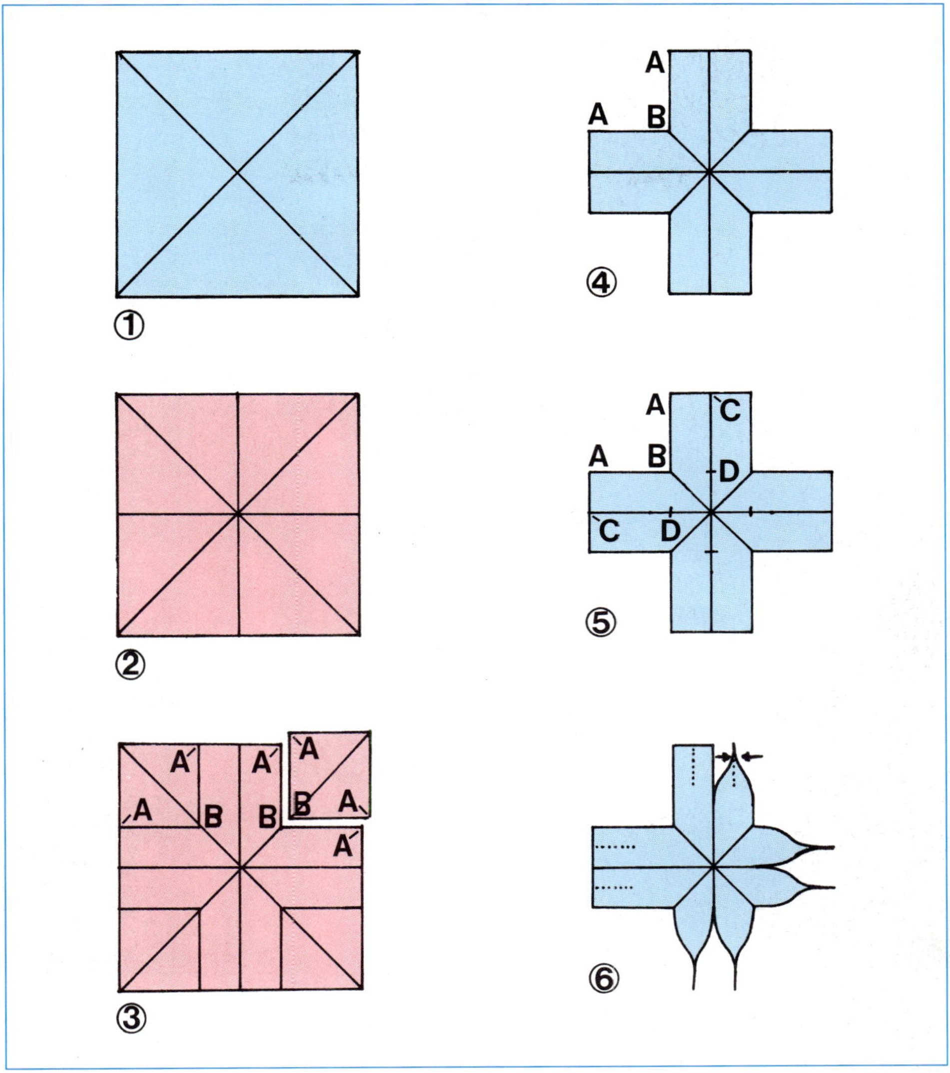

Halbplastische Sterne aus Quadraten

1. Ein Folienquadrat diagonal falten.
2. Quadrat *umdrehen* und in vier kleine Quadrate falten.
3. Mit Geo-Dreieck und Bleistift die Strecken AB einzeichnen und anschließend mit der Schere nachschneiden.
4. Das entstandene Kreuz *umdrehen.*
5. Die Kreuzenden von C bis D einschneiden.
6. Die geteilten Enden des Kreuzes mit einem Bleistiftstrich nochmals unterteilen *(punktierte Linie)* und zusammendrücken *(Pfeile).* Die zusammengedrückte Doppelspitze auseinanderbiegen, mit etwas Klebstoff bestreichen und wieder zusammendrücken. Jeweils zwei dieser Sternteile Rücken an Rücken versetzt aufeinanderkleben.

Würfelstern

Würfel

1. Sechs Quadrate in der abgebildeten Anordnung zeichnen. Klebeflächen *(punktiert)* nicht vergessen! Das Ganze ausschneiden und zu einem Würfel zusammenkleben.

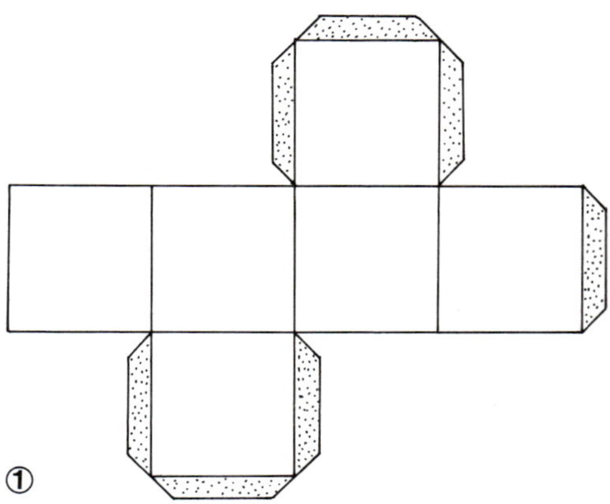
①

Zacken

2. Die Seitenlänge eines Quadrates aufzeichnen. Diese Strecke hat die Endpunkte A und B. Mit dem Zirkel in A einstechen und einen Kreis mit einem Radius, der größer als der Abstand zwischen A und B ist, ziehen. Je größer dieser Radius ist, desto länger werden die Zacken. Mit demselben Radius einen Kreis um B zeichnen. Beide Kreise schneiden sich in C.

3. C mit A und B verbinden.

4. In C einstechen und mit dem Radius AC einen Kreis zeichnen.

5. In A einstechen und mit dem Radius AB einen Kreis zeichnen. Es entsteht der Schnittpunkt D. Mit demselben Radius in D einstechen. Man erhält den Schnittpunkt E. In E einstechen, damit der Schnittpunkt F entsteht.

6. Die neu gewonnenen Punkte miteinander verbinden.

7. Klebeflächen einzeichnen *(punktierte Flächen).* Die Klebeflächen zwischen C, F und G hinter der Strecke CB ankleben. Die restlichen vier Klebeflächen mit Klebstoff bestreichen und auf ein Quadrat des Würfels kleben. Die anderen Zacken ebenso arbeiten und am Würfel befestigen.

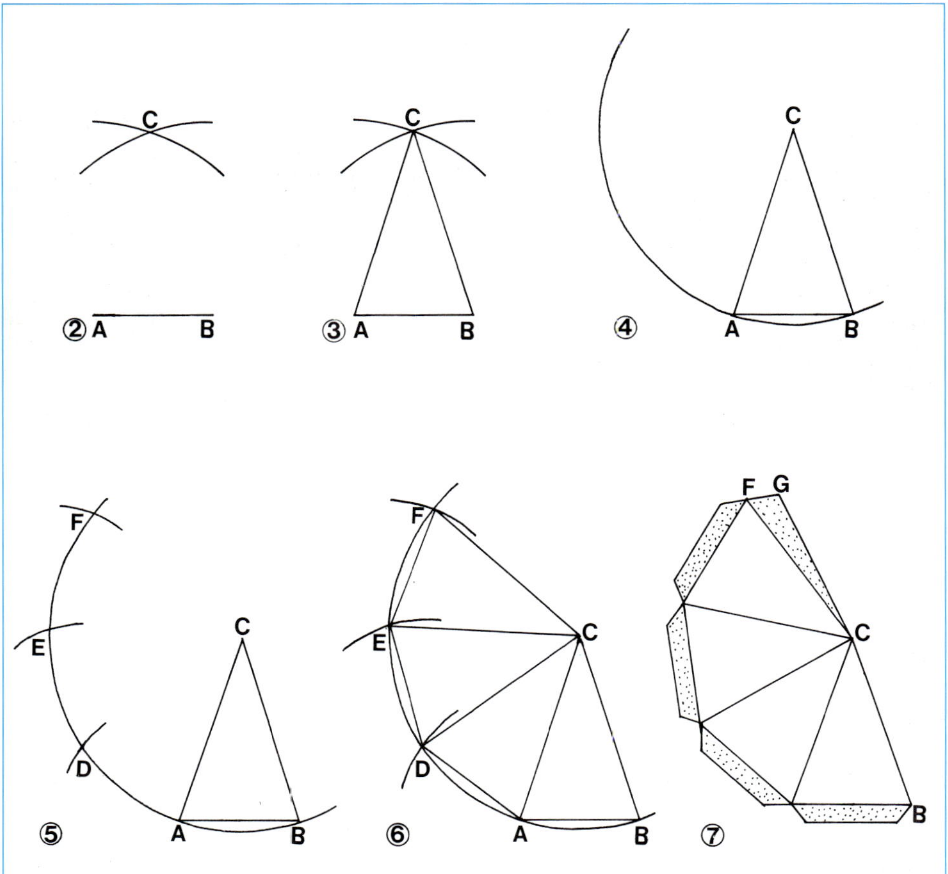

Kugelstern

1. Konstruktion eines gleichseitigen Dreiecks mit einer Seitenlänge von beispielsweise 4 cm: Mit Bleistift und Geo-Dreieck einen 4 cm langen Strich ziehen. Seine Endpunkte sind A und B. Mit dem Zirkel in A einstechen und mit demselben Radius (4 cm) einen Kreis um A schlagen. Dasselbe bei B machen. Wo sich beide Kreise schneiden, entsteht der Punkt C. Anschließend C mit A und B verbinden.

2. Konstruktion aus 20 gleich großen, gleichseitigen Dreiecken. Die punktierten Klebeflächen ebenfalls aufzeichnen. Das Ganze ausschneiden und zusammenkleben. Es entsteht ein kugelförmiges Gebilde mit 20 gleichen Flächen.

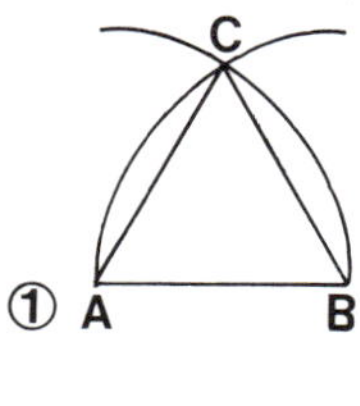

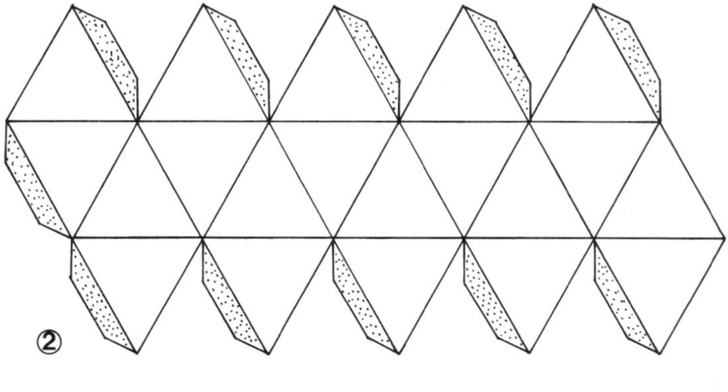

Konstruktion der Sternzacken

3. Ein gleichseitiges Dreieck mit derselben Seitenlänge wie bei 1. zeichnen. In A mit dem Zirkel einstechen und einen Kreis mit Radius von beispielsweise 6 cm ziehen. Um B einen weiteren Kreis mit demselben Radius ziehen. Wo sich beide Kreise schneiden, entsteht der Punkt D. Je größer der Abstand zwischen A und D, bzw. zwischen B und D ist, desto länger sind die Zacken.

4. Punkt D mit A und B verbinden.

5. In D einstechen und mit demselben Radius (Abstand zwischen A und D) einen Kreis schlagen. In A einstechen und mit dem kleinen Radius (Abstand zwischen A und B) einen Kreis ziehen. Der kleine Kreis schneidet den großen Kreis in Punkt E. Mit demselben Radius einen Kreis um B ziehen, damit der Schnittpunkt F entsteht.

6. Die Klebeflächen einzeichnen *(punktiert)* und den Zacken ausschneiden. Zacken zusammenkleben und mit der kleinen gleichseitigen Grundfläche auf dem kugelförmigen Innenstern befestigen.

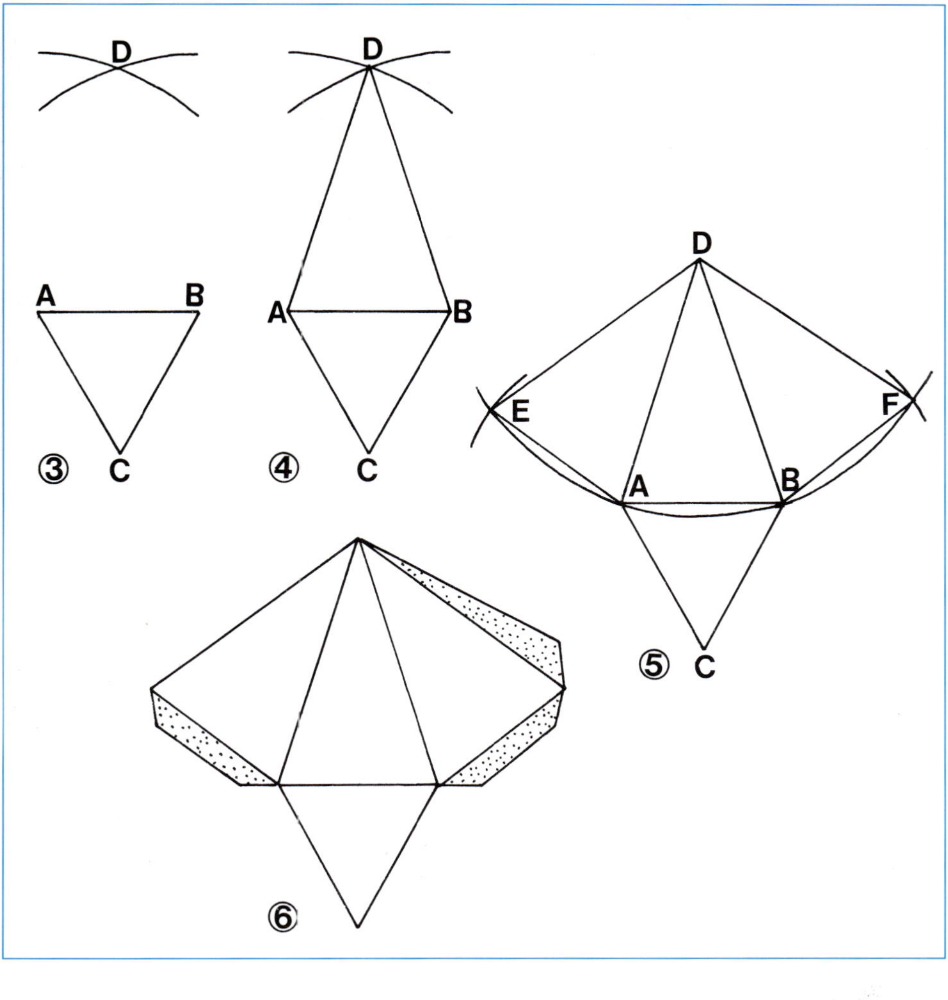

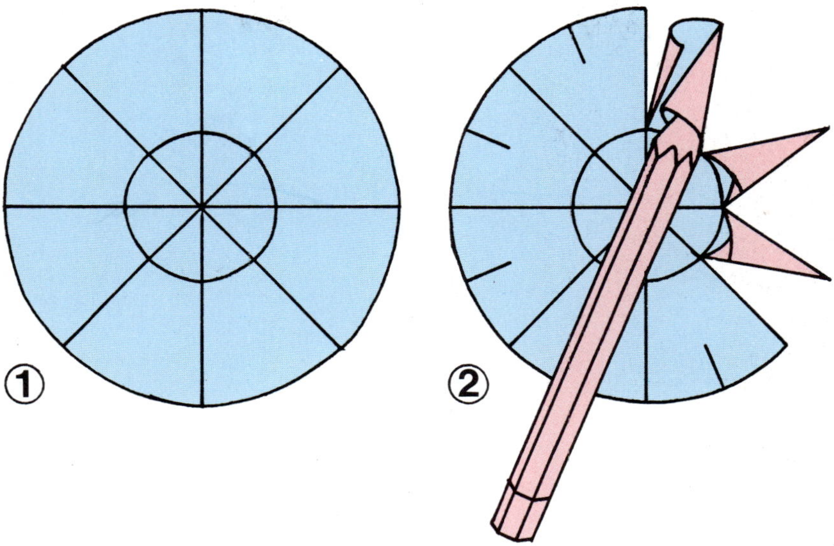

Plastische Sterne aus Kreisscheiben Nr. 1

1. Mit dem Zirkel einen großen und einen kleinen Kreis mit demselben Mittelpunkt ineinander zeichnen. Mit Bleistift und Geo-Dreieck den Kreis zunächst halbieren, dann vierteln und schließlich achteln.

2. Mit der Schere vom Rand bis zum kleinen Kreis acht Einschnitte vornehmen. Jedes der acht Kreissegmente mit einem kurzen Bleistiftstrich nochmals unterteilen. Mit Hilfe eines Bleistifts, dessen Spitze auf den kurzen Strich gesetzt wird, die acht Segmente von beiden Seiten zu den Sternspitzen einrollen und zusammenkleben. (Siehe Zeichnung)

Die so entstandenen Sternscheiben lassen sich in vielen Variationen zusammenkleben. Mit aufgeklebten kleinen Sternen kann die Sternmitte zusätzlich verziert werden.

Für einen Igelstern werden acht gleich große Sternscheiben benötigt. Zunächst werden vier Sternscheiben jeweils versetzt aufeinandergeklebt und in der Mitte mit dem hinteren Teil eines Bleistifts auf der Arbeitsfläche zusammengepreßt. Dieser halbe Igelstern kann als Kerzenhalter verwendet werden. Zwei dieser halben Sterne können Rückseite an Rückseite versetzt zusammengeklebt werden, nachdem ein Aufhängefaden eingelegt wurde.

Plastische Sterne aus Kreisscheiben Nr. 2

1. Mit dem Zirkel einen Kreis zeichnen und diesen mit Bleistift und Geo-Dreieck in vier gleich große Abschnitte unterteilen.
2. Die vier Kreissegmente abermals unterteilen.
3. Einen kleinen Kreis mit demselben Mittelpunkt zeichnen.
4. Alle acht Linien von außen bis zum kleinen Kreis einschneiden. Die acht Kreissegmente mit einem kurzen Bleistiftstrich nochmals unterteilen *(gestrichelte Linien)*. Den äußeren Teil der Kreissegmente mit Klebstoff bestreichen *(punktierte Flächen)* und zusammendrücken.
Diese Sternscheiben können in vielen Variationen zusammengeklebt werden.

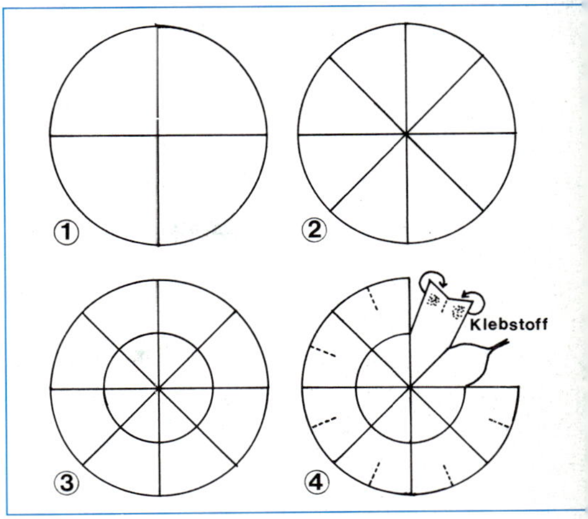

Rosettensterne

(Abb. siehe Titelseite)

1. Ein Goldfolienrechteck mit Geo-Dreieck und spitzem Bleistift in 26 gleich große Streifen unterteilen.
Die Folie entlang der Bleistiftlinien wie eine Ziehharmonika falten.
2. Jeweils den letzten Folienstreifen an beiden Seiten der Ziehharmonika in der Mitte eindrücken *(breite Pfeile)*. Die Ziehharmonika zu einem Kreis schließen, indem die obere Hälfte der äußeren Folienstreifen nach unten, bzw. die untere Hälfte nach oben geklappt und zusammengeklebt wird (dünne Pfeile).
3. Verschiedene Sternspitzen. Sie sind genau doppelt so breit wie die Ziehharmonikastreifen. Streifen der Länge nach falten *(gestrichelte Linie)*, schräg zuschneiden oder einkerben und aufkleben. Rundstern und Spitzen sollten in unterschiedlichen Farben, z.B. in Gold- und Silberfolie gearbeitet werden.

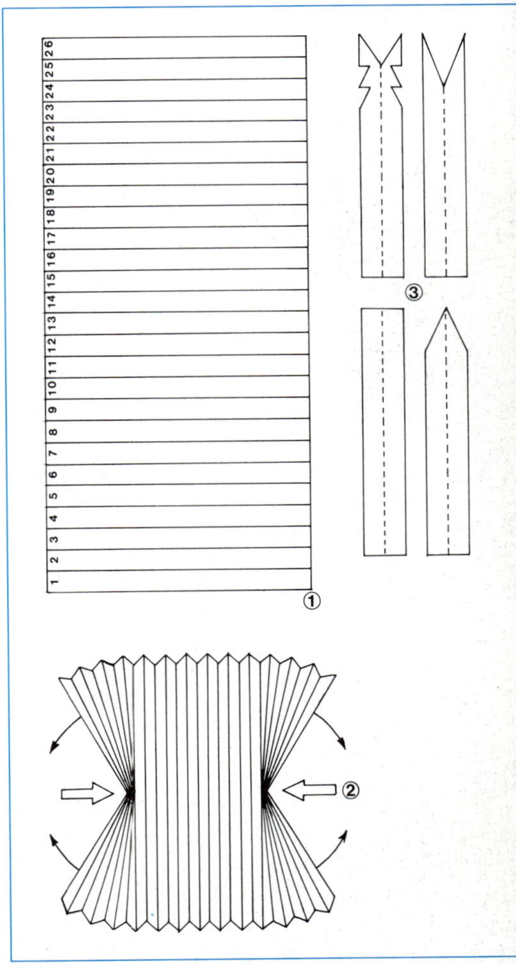

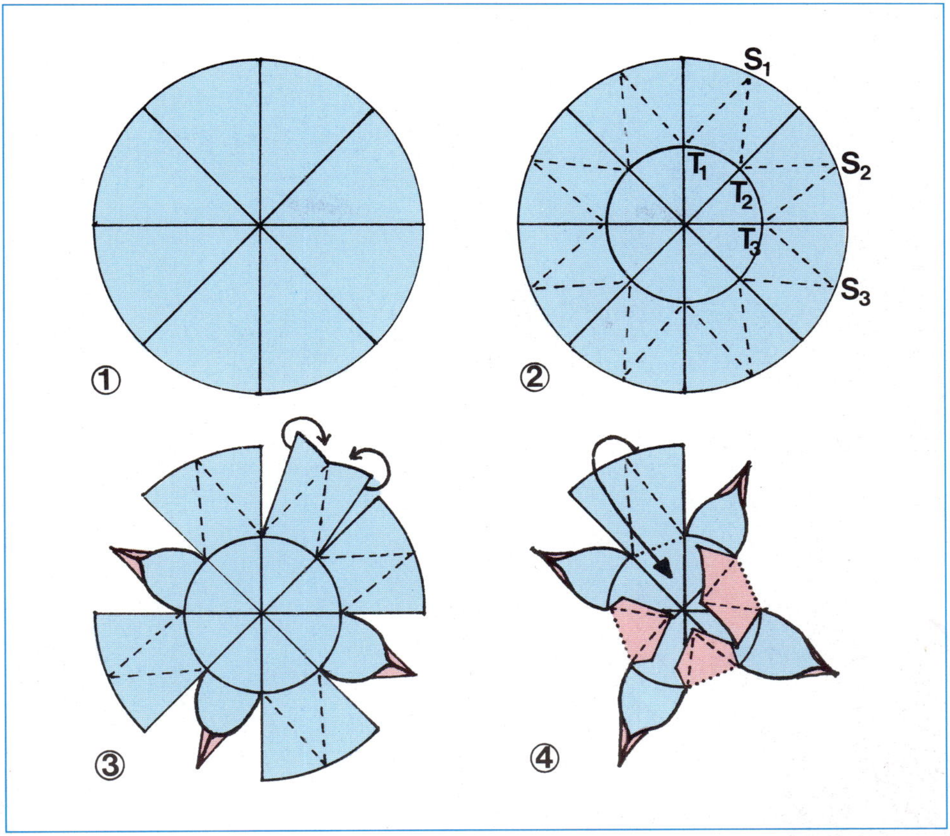

Plastische Sterne aus Kreisscheiben Nr. 3

1. Mit dem Zirkel einen Kreis zeichnen. Den Kreis mit Geo-Dreieck und Bleistift in acht gleich große Segmente unterteilen.

2. Die Segmente am Kreisrand nochmals halbieren. Es entstehen die Kreispunkte S1 bis S8. In den großen Kreis einen kleinen mit dem halben Radius und demselben Mittelpunkt zeichnen. Wo der kleine Kreis die anderen Linien schneidet, entstehen die Kreispunkte T1 bis T8. Ringsum zwischen den Punkten S des großen Kreises bis zu den Punkten T des kleinen Kreises einschneiden. Die gestrichelten Linien sind gedachte Linien, die die Beschreibung erleichtern!

3. Von jedem zweiten Segment werden die beiden Seitenflügel entlang der *gedachten* gestrichelten Linie nach oben gebogen und an der Spitze zusammengepreßt. Spitzen wieder aufbiegen, etwas Klebstoff auftragen und erneut zusammendrücken.

4. Die restlichen vier Segmente werden entlang der punktierten Linien, die knapp an der Innenseite des kleinen Kreises verlaufen, nach oben umgeschlagen. Entlang der gestrichelten Linien werden die Seitenflügel erneut nach oben umgeschlagen.
Jeweils zwei dieser Sternteile Rücken an Rücken versetzt aufeinanderkleben.

Flache Sterne aus Kreisscheiben

1. Mit dem Zirkel einen Kreis zeichnen. Den Kreis mit Geo-Dreieck und Bleistift in acht gleich große Segmente unterteilen.

2. In den großen Kreis einen Kreis mit dem halben Radius und demselben Mittelpunkt zeichnen. Vom Rand des großen Kreises bis zum kleinen Kreis alle acht Verbindungslinien einschneiden. Die äußere Hälfte der Segmente an der gestrichelten Linie im Uhrzeigersinn nach hinten umklappen.

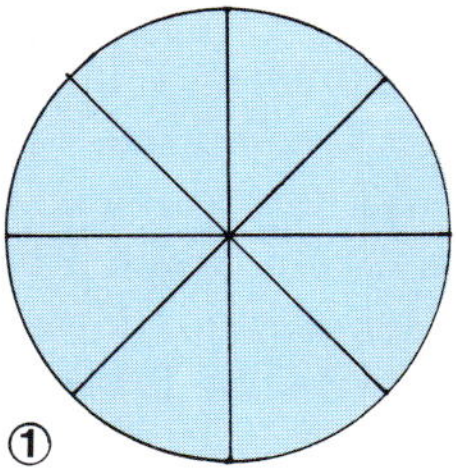

①

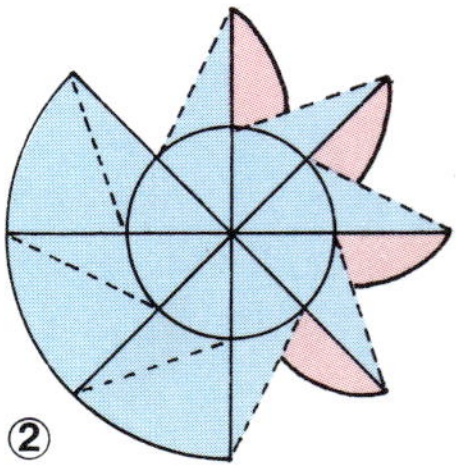

②